❶ くちばしと どうぶつの は

- きつつき
- つばめ
- おうむ
- はちどり
- おおわし
- ペリカン
- はしびろこう
- ペンギン
- フラミンゴ
- おおはし
- かわせみ
- はしびろがも
- よたか
- とら
- りす
- うま
- かば
- ぞう
- いるか
- カメレオン
- かものはし
- わに
- おにいとまきえい

❷ うみと もりの かくれんぼ

- たこ
- ピグミーシーホース
- かれい
- かみそりうお
- へこあゆ
- リーフィーシードラゴン
- いそこんぺいとうがに
- こまちこしおりえび
- もくずしょい
- かえるあんこう
- ガラスはぜ
- えだしゃく
- ななふし
- やもり
- はなかまきり
- よたか
- よしごい
- あげは
- あまがえる
- ゆきうさぎ
- あぶらぜみ
- とのさまばった
- ごまだらちょう

❸ 生きものの 赤ちゃん

- ライオン
- しまうま
- パンダ
- カンガルー
- オランウータン
- おおありくい
- いのしし
- かるがも
- こうていペンギン
- あざらし
- ほっきょくぐま
- うみがめ
- さけ
- こちどり
- かえるあまだい
- ぞう

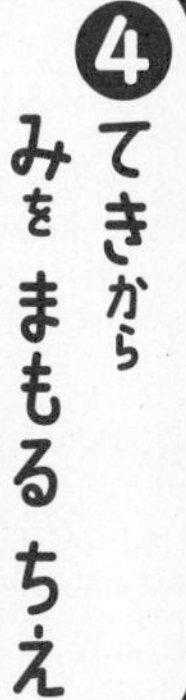

❹ てきから みを まもる ちえ

- はりねずみ
- アルマジロ
- やまあらし
- スカンク
- プレーリードッグ
- インパラ
- しまうま
- じゃこううし
- ももんが
- オポッサム
- ふくろうちょう
- すずめが
- いいだこ
- せみほうぼう
- かくれくまのみ
- そめんやどかり
- きんちゃくがに
- こばんざめ
- ほんそめわけべら
- いわし
- やどくがえる
- おぶとさそり
- キングコブラ
- おおすずめばち
- とびずむかで
- ひょうもんだこ

教科書にでてくる　生きものをくらべよう 4

てきから みを まもる ちえ

監修 今泉忠明

Gakken

どうぶつたちの　まわりには、
きけんが　いっぱいです。
てきから　みを　まもり
生きぬく　ために、
さまざまな　ほうほうを
つかって　います。

どのような　ほうほうで
みを　まもって　いるのか、
くらべて　みましょう。

はりねずみの　せなかには、
かたい　とげが　たくさん
あります。
はりねずみは、どのように　して
みを　まもって　いるのでしょうか。

はりねずみは、
てきが　おそって　くると
体を　ボールのように
丸めて　とげを
さか立てます。
やわらかい　おなかを
うちがわに　かくして
まもるのです。

とげは　ちくちくして
いたいので、
てきは　うまく
つかまえる　ことが
できません。
　こうして、
じっと　したまま
てきが　あきらめるのを
まつのです。

ものしりメモ　はりねずみは「ねずみ」と　いう名前（なまえ）が　つきますが、もぐらに　近（ちか）い　なかまです。

アルマジロの　体は、
ごつごつした
あつい　かわで
できた　こうらに
おおわれて　います。
まるで　よろいを
きて　いるようです。

アルマジロは　てきに
おそわれると、体を
ボールのように　丸めて
みを　まもります。
そして、頭から　しっぽまで
こうらの　中に　すっかり
かくして　しまいます。
これでは、てきも　なかなか
こうげきが　できません。

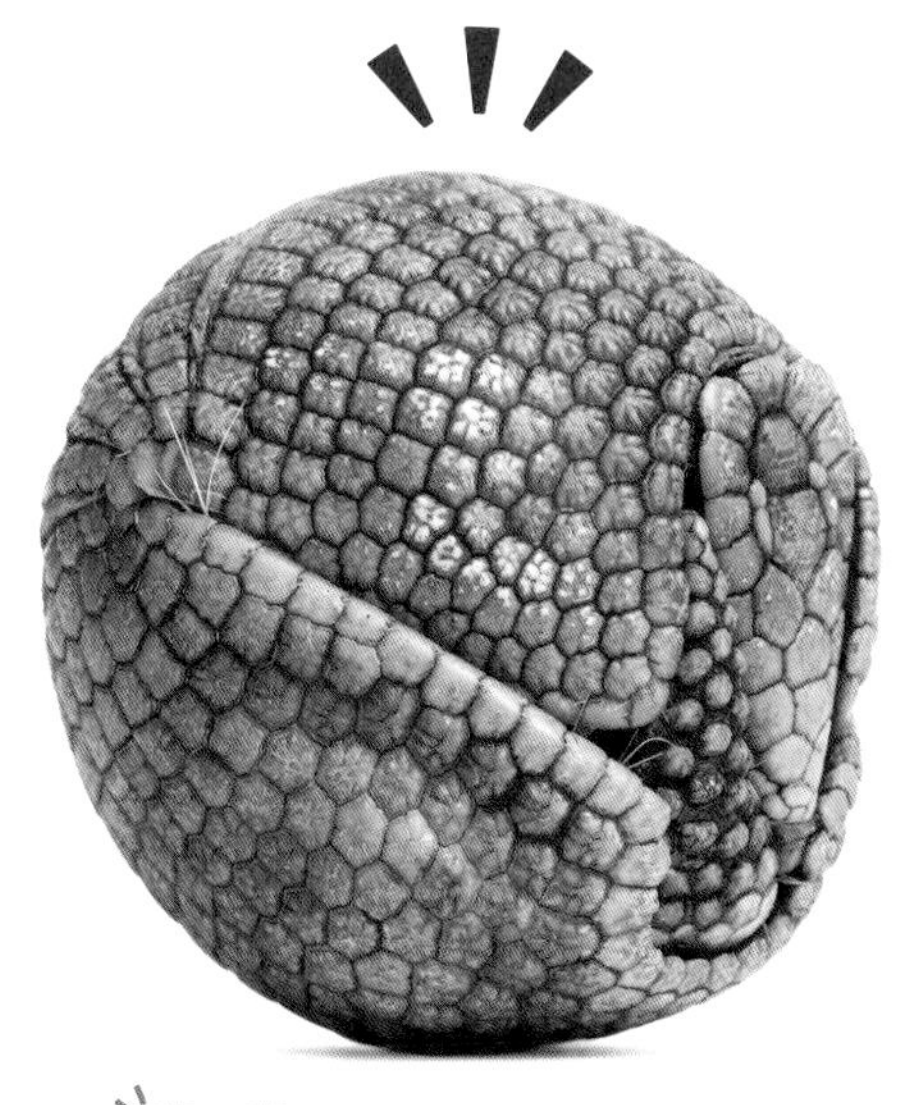

ものしりメモ

だんごむしのように
まん丸に　なります。
丸く　なった　ときの
大きさは、メロンと
同じくらいです。

やまあらしの　せなかには、
かたくて　長い　とげが
たくさん　はえて　います。

やまあらしは、てきが来ると　後ろむきに　なって　とげを　立てます。
ときには、そのまま後ろに　下がって　あいてに　むかって　いく　ことも　あります。
あいては、やまあらしの　とげが　かたくて　するどい　ことを　知って　いるので、こうげきを　あきらめて　しまいます。

スカンクの　おしりには、
とくべつな　しくみが
あります。
　おしりの　あなの　わきから、
とても　くさい　えきを
とばす　ことが
できるのです。
　いちどでも
この　えきを　あびると、
てきは　スカンクの
すがたを　見ただけで、
にげだすように　なります。

プレーリードッグは、
りすの　なかまです。
草原に　すあなを　ほって、
むれで　くらして　います。
すあなの　近くには、
ほりだした　土を
もりあげて　つくった
見はり台が　あります。

プレーリードッグは、
この　上に　立って
てきが　来ないか
まわりを　見はって　います。
てきが　近づくと、
子犬のような　声で
なかまに　知らせます。
すると、あっというまに
みんな　すあなに
かくれて　しまいます。

インパラは、首や　あしが　長くて、
とても　スマートな　体を　して　います。

むれを　つくって　くらし、
いつも　まわりを
けいかいして　います。
ライオンや
ひょうなどの
てきを　いちはやく
見つけて、
むれの　子どもたちに
知らせます。

てきが
おそって　くると、
ジャンプを　しながら
とぶように　走って
にげます。
一回で　なんと、
十メートルいじょうも
とぶ　ことが　できます。
これでは、ライオンも
かんたんには
おいつけません。

しまうまは、 体に 白と 黒の
しまもようが あります。
一頭だけで いると、
とても 目立ちます。

ところが、 むれに なると
しまもようが かさなって、
体の 見分けが つかなく なります。
てきが おそって くると、
みんな ばらばらに にげます。
すると、 いっせいに うごく
もように 目が くらんで、 てきは
ねらいを さだめる ことが
できなく なります。

じゃこううしは、さむい
北きょくの 近くに
すんで います。
草などを 食べながら、
十頭から 二十頭の むれで
くらして います。

おおかみなどの　てきに
おそわれそうに　なると、
おとなたちは　子どもたちを
むれの　中に　かくします。
　そして、つのを　外に　むけて
みんなで　まるく　なって
ならび、
中に　いる
子どもたちを
てきから
まもります。

ももんがは、昼間（ひるま）は　木（き）の　あなに　ある
すの　中（なか）で　じっと　して　います。

ももんがは、夜に　なると　すから　出て
木の　めや　虫などを　さがして　食べます。
高い　木の　上から　ジャンプして　体の　まくを　広げ、
空中を　とぶ　ことが　できます。
こうして　木から　木へと　とびうつるのです。
じめんには　てきが　いるので、
めったに　木から　おりる　ことは　ありません。

オポッサムは、
カンガルーのように
おなかに　ふくろを　もつ
どうぶつの　なかまです。
ねこと　同じくらいの
大きさです。
オポッサムは、夜に
かつどうします。
夜は、
えものと　なる
虫や　ねずみなどが
多いからです。

てきに　出会ったり　なにかに
おどろいたり　すると、ばったりと
たおれて　しんだ　ふりを　します。
こうして、きけんが　なくなるのを
まつのです。

ものしりメモ

オポッサムの　子どもは、
おかあさんの　おなかの
ふくろ（ひだ）で　そだちます。
ふくろから　出るように　なった
子どもたちは、おかあさんの
せなかに　のって　いどうします。

びっくり

てきを おどろかす 目玉もよう

はねを ひらくと ふくろうの 顔？

ふくろうちょう

ふくろうちょうの
後ろの はねには、
大きな まるい もようが
ついて います。
　この もようが
まるで ふくろうの
目玉のように
見えるので、
この 名前が
ついて います。
　とつぜん ふくろうの
顔が 目の 前に
あらわれたと 思い、
てきは びっくりします。

まるで へびのよう

すずめがの よう虫

すずめがと いう がの よう虫の
頭には、本ものの 目とは べつに、
大きな 目玉もようが
ついて います。
　この もようで 鳥などの てきに、
へびだと 思わせるのでしょう。

海の　そこに　大きな　おめん

いいだこ

いいだこは、海ていの　すなの　上に
くらす　たこです。
あまり　大きく　ありません。
あしの　つけねには　まるい　目玉もようが
あって、まるで　すなの　中から
大きな　生きものが　にらんで　いるように
見えます。

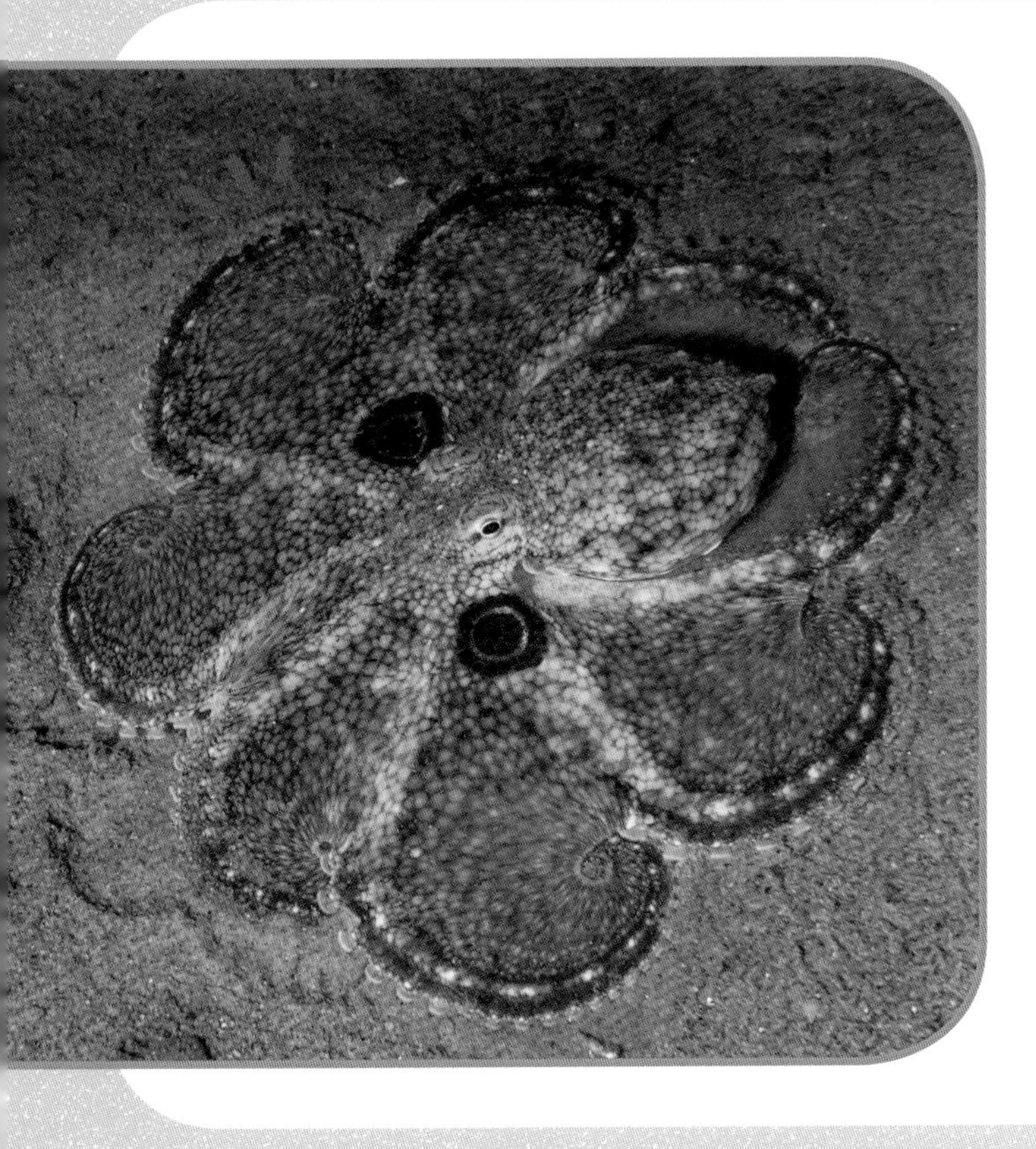

むなびれを　ひらくと　びっくり

せみほうぼうの　子ども

せみほうぼうの　子どもの　むなびれの
つけねには、黒い　目玉の　もようが
ついて　いて、とても　目立ちます。
てきが　近づくと、たたんで　いた
むなびれを　マントのように　ぱっと　広げます。
すると、大きな　顔が　とつぜん
あらわれたように　見えて、
おどろいた　てきは　にげて　しまいます。

かくれくまのみは、
さんごしょうに　すむ　魚で、
いつも　大きな
いそぎんちゃくと
いっしょに　くらして　います。

ものしりメモ
かくれくまのみの　体は、ぬるぬるした　ねんえきに　おおわれて　います。
この　ねんえきの　おかげで、いそぎんちゃくに　どくの　はりを　さされないのです。

かくれくまのみは、
きけんを　かんじると
いそぎんちゃくの　中に
にげこみます。

いそぎんちゃくには、
どくを　出す　小さな
はりが　たくさん
あります。

そのため、おそろしい
てきも　なかなか
近づく　ことが
できません。

いそぎんちゃくを
つけて、
みを　まもって　いる
生きものも　います。

そめんやどかりは、
大きな　まき貝の　からを
自分の　家に　して　います。
さらに、その　上に
いそぎんちゃくを　つけて、
自分の　体を
まもって　います。

きんちゃくがには、
ちぎった　いそぎんちゃくを
いつも　はさみに
つけて　います。
まるで　ポンポンを　もって、
スポーツの　おうえんを
して　いるようです。
てきで　ある　魚たちも、
いそぎんちゃくには
どくが　あって　きけんだと
知って　いるので、
おそう　ことが
できないのです。

ものしりメモ
いそぎんちゃくは、きんちゃくがにの　食べのこしを
もらって　生きて　います。

小さな　生きものの　中には、大きな　生きものと　いっしょに　いる　ことで、自分の　みを　てきから　まもる　ものも　います。

こばんざめは、こばんの　形を　した　きゅうばんで　さめや　くじらなどに　くっついて　くらして　います。

自分では、えものを　とりません。

くっついた　あいての　食べのこしや、体に　ついて　いる　虫などを　食べて　います。

頭の　上に　ある　きゅうばん。

ほんそめわけべらは、
大きな　魚の　口や
えらなどに　ついて　いる
小さな　虫を　食べて
生きて　います。

　大きな　魚は、
ほんそめわけべらを
食べません。

　自分の　体を　きれいに
して　もらえるので、
口を　あけたままで
じっと　して　います。

　これでは、てきも
近づけません。

いわしは、大きな　むれを
つくって　くらして　います。
てきが　あらわれると、みんなで
あつまって　ぐるぐる　およぎます。

こうして　まとまって　およぐと、
てきは　ねらいを
しぼる　ことが　できません。

また、大きな　べつの
生きもののように　見えて、
てきを　遠ざけます。

こうげきされると
ばらばらに　にげますが、
すぐに　また　あつまって
およぎます。

ものしり
メモ

いるかや　さめなどは、いわしを　食べますが、いわしが　大きな　むれに
なって　いると、自分の　体が　きずつく　ことを　おそれて、
むれに　つっこむのを　ためらう　ことも　あると　いわれて　います。

やどくがえるは、あざやかな　色と　もようを　した
うつくしい　かえるです。いろいろな　色の　なかまが　います。

ところが、この　かえるの
体には　どくが　あります。
食べると、すぐに　しんで
しまうほどの　もうどくです。

やどくがえるの
目立つ　色や　もようは、
どくが　あって　きけんだと
いう　ことを　あいてに
知らせて　いるのです。

「つきまとう しにがみ」と いわれる

おぶとさそり

さそりは きけんを かんじると、しっぽに ある どくばりで、あいてを さします。とくに おぶとさそりの どくは きょうれつで、さされた 人が しんで しまった ことも あるほどです。

ものしりメモ　おぶとさそりの ほかには、大きな どうぶつを ころすほどの どくが ある さそりは ほとんど いません。

せかい一 大きな どくへび

キングコブラ

キングコブラは、長さが 四メートルいじょうに なる ことも ある、もうどくの へびです。
てきに 出会って こうふんすると 首を 広げて もちあげ、おそう かっこうを します。
かまれた 人を そのままに して おくと、十五分くらいで しんで しまうそうです。

どくばりで　ぶすり

おおすずめばち

せかい一　大きな
すずめばちです。
こうげきてきで、どくばりを
もって　います。
さされると　はれて　ひどく
いたみ、人に　よっては、
しぬ　ことも　あります。
夏から　秋に　かけて、
さされる　きけんが
高く　なります。

何日も　つづく　いたみ

とびずむかで

日本一　大きな　むかでで、
長さ　十五センチメートルくらいに
なります。
あごに　どくが　あり、かまれると
大きく　はれて　いたみが
長く　つづく　ことも　あります。

さわっただけで　あちち！

ひょうもんだこ

日本にも　すむ　たこで、
こうふんすると　うつくしい
もように　なります。
さわるのは　きけんです。
ところが、どくが　強くて
かまれると　しんで　しまう
ことも　あります。

この本に でてきた 生きもの ずかん

6ページ マタコミツオビアルマジロ

[体長：35～45cm] 南アメリカに　すむ。
アルマジロの　中で　これだけが、
ボールのように　丸まる　ことが　できる。

3ページ ヨツユビハリネズミ

[体長：15～25cm] アフリカの　草原に　くらす。
土の　中に　すむ　ミミズや　こん虫、トカゲ
などを　食べて　いる。

12ページ オグロプレーリードッグ

[体長：28～35cm] 北アメリカの　草原に
すむ。草や　サボテンを　食べる。
キャッキャッと　子犬のように　鳴く。

10ページ シマスカンク

[体長：33～46cm] 北アメリカに　すむ。
夜に　かつどうし、バッタなどの　虫、カニ、
魚も　食べる。

8ページ ケープタテガミヤマアラシ

[体長：63～81cm] 南アフリカに　すむ。
草や　木の　み、ねなどを　食べる。
長い　とげは　50cmにも　なる。

18ページ ジャコウウシ

[体長：120～150cm(せなかの高さ)]
北きょくの　近くに　すむ。冬は、ひづめで
雪の　下に　ある　草を　ほりだして　食べる。

16ページ サバンナシマウマ

[体長：110～145cm（せなかの高さ）]
アフリカの　草原に　すみ、草を　食べる。
てきは　ライオン、チーター、ハイエナなど。

14ページ インパラ

[体長：75～95cm（せなかの高さ）]
アフリカの　草原に　15～20頭の
むれで　すむ。おすには　つのが　ある。

24ページ フクロウチョウ

[体長：13cmくらい(広げたはね)] 中おう～
南アメリカに　すむ。夕方に　なると　木に
あつまり、みきから　出た　しるを　すう。

22ページ キタオポッサム

[体長：39～48cm] 北～中おうアメリカの
草原や　森に　すむ。めすの　おなかの
ふくろの　中で、7頭くらいの　子どもが　そだつ。

20ページ エゾモモンガ

[体長：15～18cm] 日本の　北海道に　すむ。
体を　かたむけたり　おを　うごかしたり　して、
とぶ　ほうこうを　かえる。

25ページ セミホウボウ

[体長:35cmくらい] 西たいへいようなどに　すむ。
海の　そこの　すなの　上で、小さな　エビや
カニなどを　とって　食べる。

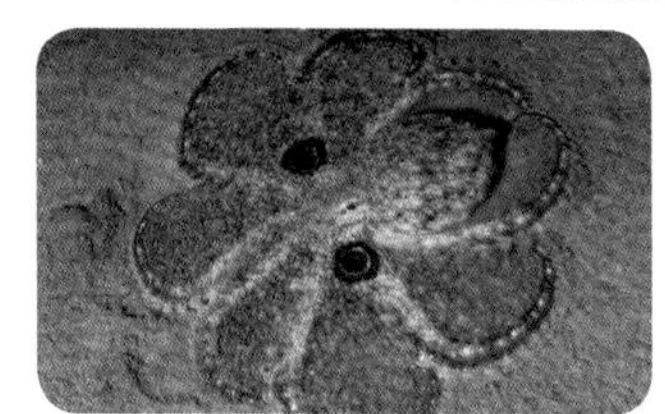

25ページ イイダコ

[体長：20cmくらい] 日本の　海に　すむ。
冬から　春に　たまごを　うみ、40日くらいで
子どもが　生まれる。

24ページ ベニスズメ

[体長：6cmくらい（広げたはね）] アジアなどに
すむ。よう虫には、ヘビのような　目玉もようが
ある。せい虫は、ピンク色の　うつくしい　ガ。

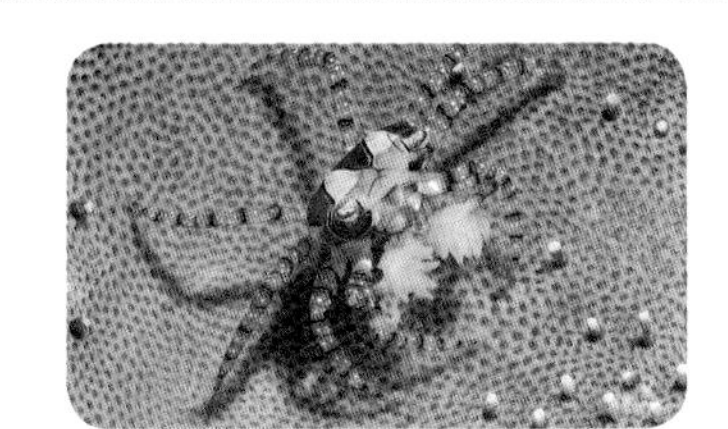

29 ページ
キンチャクガニ

［体長：15mm（こうらのはば）］サンゴしょうに　すむ。はさみに　とげが　あり、イソギンチャクを　しっかり　はさんで　いる。

28 ページ
ソメンヤドカリ

［体長：4～5cm（こうらのはば）］南の　海に　すむ。左の　はさみが　大きい。おもな　てきは　タコ。

26 ページ
カクレクマノミ

［体長：8cm くらい］サンゴしょうに　すむ。イソギンチャクの　食べのこしを　もらう。おすが　めすに　へんしんする　ことが　ある。

32 ページ
マイワシ

［体長：25cm くらい］日本の　まわりの　海に　すむ。南の　海で　たまごを　うみ、北の　海で　大きく　なる。

31 ページ
ホンソメワケベラ

［体長：10cm くらい］サンゴしょうに　すむ。多くの　魚が　そばに　よって　きて、口の　そうじを　して　もらう。

30 ページ
コバンザメ

［体長：100cm くらい］せかい中の　海に　すむ。こばんのような　きゅうばんは、前の　せびれが　かわった　もの。

35 ページ
イチゴヤドクガエル

［体長：18～24mm］もっとも　小さい　ヤドクガエル。中おうアメリカの　しめった　森で、こん虫などを　食べて　くらす。

34 ページ
アイゾメヤドクガエル（コバルトヤドクガエル）

［体長：30～60mm］もっとも　大きい　ヤドクガエル。しめった　森の　じめんに　いて、おもに　アリを　食べて　いる。

34 ページ
キオビヤドクガエル

［体長：31～37mm］南アメリカの　しめった　森に　すむ。こん虫を　食べる。おちばの　下に　すむ。

36 ページ
キングコブラ

［体長：3～5.5m］南～東南アジアの　森に　すむ。ほかの　ヘビや　トカゲを　食べる。めすが　たまごを　まもる。

36 ページ
オブトサソリ

［体長：60mm くらい］ヨーロッパなどに　すむ。昼は　かくれて　いて、夜に　かつどうする。うごきは　すばやい。

35 ページ
ミドリヤドクガエル（マダラヤドクガエル）

［体長：25～40mm］南アメリカの　しめった　森に　すむ。こん虫を　食べる。おちばの　下に　たまごを　うむ。

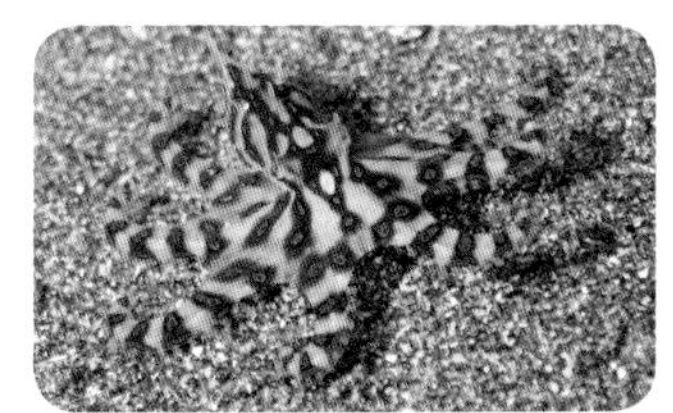

37 ページ
ヒョウモンダコ

［体長：12cm くらい］日本から　南の　あさい　海の　岩場に　すむ。カニや　エビを　食べる。すみは　はかない。

37 ページ
トビズムカデ

［体長：11～13cm］日本に　すむ。おちばや　石の　すきまで、虫を　とって　食べる。あしは　ぜんぶで　42 本。

37 ページ
オオスズメバチ

［体長：30～35mm（はたらきバチ）］日本などに　すむ。じめんや　木の　あなに　すを　つくる。いも虫などの　こん虫を　食べる。

● 監修

今泉忠明

動物学者。「ねこの博物館」館長。東京水産大学（現・東京海洋大学）卒業。国立科学博物館で哺乳類の分類学、生態学を学び、各地で哺乳動物の生態調査を行っている。『学研の図鑑 LIVE』（学研）、『ざんねんないきもの事典』（高橋書店）など著書・監修書籍多数。

● 編集協力
（有）きんずオフィス

● 装丁・本文デザイン
カミグラフデザイン

● 写真協力
アフロ
下記に記載のないものはすべて

PPS 通信社
P23（オポッサムの死んだふり）

PIXTA
P5 下，P38（ベニスズメ）

フォトライブラリー
P39（コバンザメ）

● DTP
（株）四国写研

監修　今泉忠明　　**NDC480（動物学）**

教科書にでてくる　生きものをくらべよう　全４巻

❹ てきから みを　まもる　ちえ

学研プラス　2020　40P 26.2cm

ISBN 978-4-05-501324-6　C8345

教科書にでてくる　生きものをくらべよう

４ てきから みを　まもる　ちえ

2020 年 2 月 18 日　初版第 1 刷発行
2022 年 12 月 15 日　第 5 刷発行

監修　今泉忠明
発行人　土屋 徹
編集人　代田雪絵
編集担当　山下順子
発行所　株式会社Gakken
〒 141-8416
東京都品川区西五反田 2-11-8
印刷所　大日本印刷株式会社

この本に関する各種お問い合わせ先

- 本の内容については、下記サイトのお問い合わせフォームよりお願いします。
https://www.corp-gakken.co.jp/contact/
- 在庫については　Tel 03-6431-1197（販売部）
- 不良品（落丁、乱丁）については　Tel 0570-000577
学研業務センター　〒 354-0045 埼玉県入間郡三芳町上富 279-1
- 上記以外のお問い合わせは
Tel 0570-056-710（学研グループ総合案内）